和宇宙对话的中国

中国 下卷

南斗天文 / 著　　晓山文化 / 绘

电子工业出版社

Publishing House of Electronics Industry

北京·BEIJING

推荐语

这是一本图文并茂的中国天文科普书。书中既有对中国古代天文知识的讲解，又有对中国现代天文和航天事业的介绍，将神话与现实相结合，将情怀融于宇宙之中，充满了梦幻与浪漫，又不失科学与严谨。从人类刀耕火种的年代到今天探索星辰大海的征途，介绍了中国五千年的天文发展史，内容丰富翔实、博古通今，是少有的优秀天文科普书。

——汪景琇

中国科学院院士、中国科学院国家天文台研究员

正在上小学二年级的儿子非常喜欢这套书，有图、有画、有科学，更有故事和情怀。这套书让孩子学会与古人对话、与宇宙对话、与科学对话，是一套非常值得推荐的亲子读物。

——崔辰州

中国科学院国家天文台研究员、中国虚拟天文台研究计划负责人

《和宇宙对话的中国》分为上下两卷，上卷介绍了中国古代天文观测和科技发展，下半部分则以简洁易懂的方式介绍了中国现代天文学和航天领域中的最新进展。通过介绍中国天文和航空的发展，带领小读者重新审视人类与自然、人类与宇宙之间的关系。每一页都有精美的插图和精练的文字，让孩子们在轻松愉快的阅读中获取知识和启发，感受到自然界所散发出来的神秘力量。如果你想为孩子选择一本富有教育意义和启示性的科普读物，那么《和宇宙对话的中国》绝对是一个不错的选择。

——苟利军

中国科学院国家天文台研究员、中国科学院大学教授

《和宇宙对话的中国》详细介绍了中国人几千年来的观天、论天、测天、巡天、飞天、探天成就，生动展现了中国人不忘初心的勤勉、浪漫、创新、实干、梦想、求索精神。本书图文并茂、内容丰富、视角广阔，非常推荐和孩子一起阅读。

——陈学雷

中国科学院国家天文台研究员、宇宙暗物质暗能量团组首席

《和宇宙对话的中国》是一部崭新而独特的优秀科普著作。它展现了中国从古代观天、论天、测天，到现代巡天、飞天、探天的壮阔发展历程。书中插图精美，文字通俗易懂，无论你是对中国古代天文学的发展历史感兴趣，还是对中国现代航天探索的成就有憧憬，都将受益匪浅。无论你是初学者，还是对宇宙探索有相当程度的了解，都能够从中找到自己感兴趣的内容。这本书是一次深入的宇宙之旅，如果你想用最短的时间了解中国在宇宙研究方面的古今全貌，那么这本书绝对是一个不可错过的好选择！

——周炳红

中国科学院国家空间科学中心研究员、中国航天科普大使

观象授时是中国古代天文极其重要的工作——是的，时间来自天文学。本书以精美的绘画和有趣的语言，带大家开启一段穿越之旅。你将和古人一起观察星象、吟诵诗歌、欢度佳节，使用日晷、圭表、漏壶等测时工具。想全面了解时间从古至今的科学测量和人文内涵，一定不要错过这套书。

——乔荣川

中国科学院国家授时中心研究员、博士生导师

从仰望星辰到遨游太空，我们探索宇宙的脚步从未停歇。本书图文并茂地展示了中国的天文和航天发展历程，希望读者能从中获得探索自然、认识世界的热情。

——余恒

北京师范大学天文系副教授

五千年的中华文明史，也是五千年的天文史。天文学对于华夏文明的诞生与发展，始终具有重要的意义。如今，中国天文学紧跟世界前沿，正不断走向更深、更远的太空。本书图文精美，将中华文明与前沿科技融为一体，是一本值得推荐的科普书。

——黎耕

天文学史专家、中国科学院国家天文台副研究员、央视《国家宝藏》国宝守护人

公元 1054 年，我国古人用肉眼详细记录了一颗超新星的爆发过程，大名鼎鼎的蟹状星云就是它的遗迹。900 多年后的今天，我国天文学迎来了大发展，我们不但有光谱之王"郭守敬"望远镜，还有世界最大口径的"FAST"射电望远镜，还将向太空发射"巡天望远镜"。本套书从古代天文讲到现代天文乃至航天，娓娓道来，强烈推荐。

——乔辉

中国天文学会会员

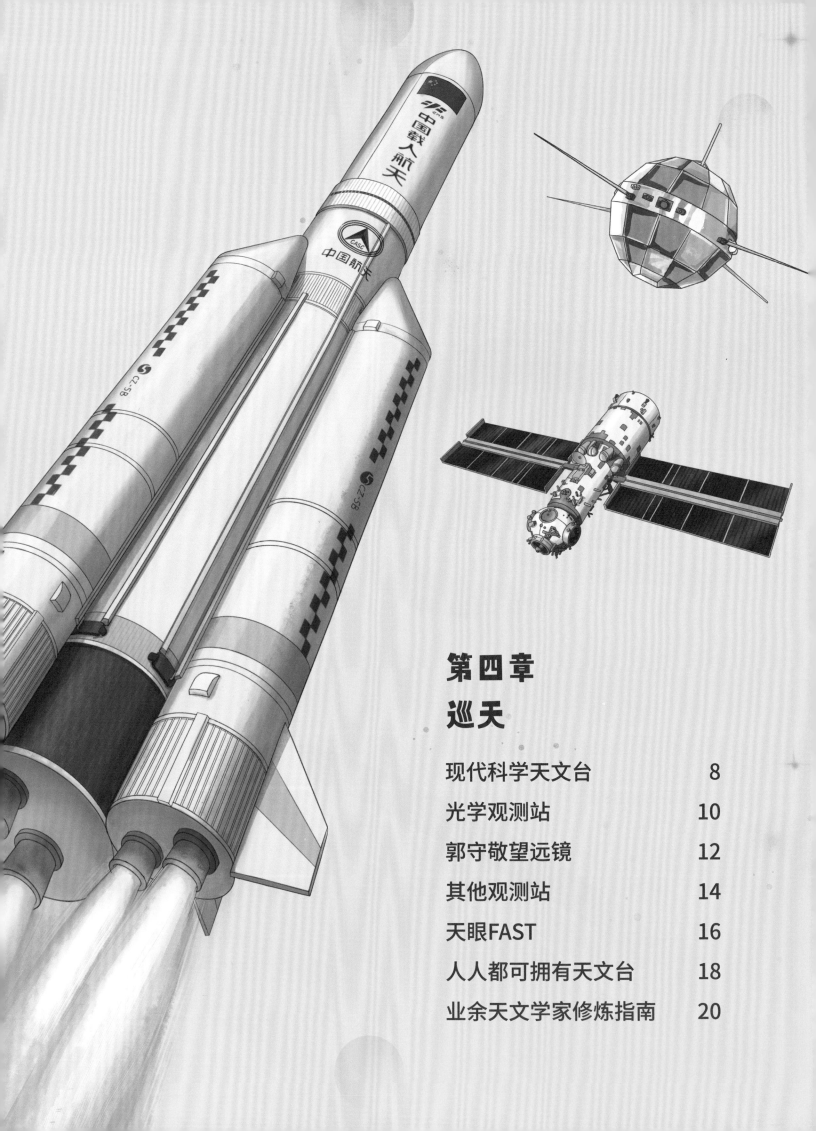

第四章
巡天

目录

巡天

自古以来，中国的天文学家一直在兢兢业业地巡视天空。古代使用简仪、高表、水运仪象台等仪器观天记录，虽然具有极高的观测精度，但本质还是用眼睛在巡视天空。到了现代，人们使用望远镜以及很多专业的设备，不仅能看到更多的星星，还能得到更多肉眼捕获不到的信息。

古老的天文学在现代的巡天方式下，几乎天天都有宇宙新发现。虽然不是发明天文望远镜的国家，但现在的中国拥有世界上光谱获取率最高的望远镜、全球最大的射电望远镜……

现代科学天文台

第一个现代天文台

1609 年的某个晚上，意大利科学家伽利略将他制作的望远镜指向星空。这是人类第一次使用望远镜观察星空，许多从未有过的发现颠覆了以往的认识。虽然利玛窦、汤若望、南怀仁等西方传教士先后将望远镜带到了中国，但明朝和清朝的皇家天文台依然沿用传统的中国天文仪器。

1928 年，我国第一个现代天文学研究机构在南京成立，之后不久在南京紫金山上建设了 6 座天文观测室，至此中国人终于开启了和宇宙的现代对话。

南怀仁

张衡

紫金山天文台盱眙近地天体望远镜观测楼

伽利略

现代天文台"看"什么？

古代皇家天文台由于观测仪器的局限，主要是通过观测恒星在天空中的位置来编制更高精度的历法，无法开展更多的观测和更深的研究。现代科学天文台拥有望远镜、相机、光谱仪等仪器，可以对天体进行全方位的深度观测，得到大小、温度、元素等信息，因此研究的领域大大扩宽。

天文台和观测站有什么不同？

由于光污染、电磁干扰等因素的影响，天文观测往往需要在高山、草原等偏僻的地方进行。天文研究则需要在交通便利、网络通畅、研究人员聚集的地方开展，这样有利于交流。天文研究机构一般叫做天文台（或所、系、学院、中心等），比如我国有中国科学院国家天文台、紫金山天文台、上海天文台、国家授时中心（原中国科学院陕西天文台）、云南天文台、新疆天文台等重要的天文研究机构，都位于城市里。观测站是隶属于天文研究机构的观测站点，有的也叫做观测基地，比如河北兴隆观测站、西藏阿里天文观测基地等。

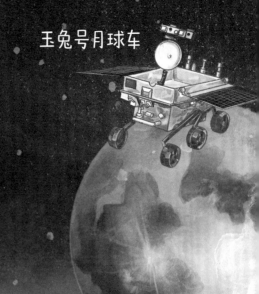

玉兔号月球车

新疆天文台南山射电望远镜

地球之外，也有天文台吗？

最近60多年来航天技术发展迅猛，中国人将"天文台"带上月球、火星，甚至太阳系深处。这样的天文台其实是观测站点，它可以是望远镜、相机、卫星、探测器等各类仪器，主要为了近距离观察天体，然后将获取的数据传输甚至带回地球。

光学观测站

为了获得更好的观测条件，光学观测站都建在远离城市的郊区。这是为什么呢？

光污染

灯光虽然方便了人们的生活，但是也造成了光污染，严重影响光学天文观测。城市本身的扩张和亮化工程，也让天文学家不得不在离城市更远的地方进行光学观测。由于北京市和河北兴隆县的发展，国家天文台兴隆站的观测条件已经不如 50 多年前刚开始使用时了。

晴天率

即使来到了远离城市的郊区，阴天、下雨也会影响星星的光穿越云层。尤其在多云多雾的四川和贵州，极低的晴天率甚至比城市的光污染更影响观星。天文学家们用时多年找到的阿里站和冷湖站，一年中有将近 300 天晚上的天气是利于观测的。

阿里天文观测基地

北半球首个海拔超 5000 米的光学天文观测基地，位于素有"世界屋脊的屋脊"之称的西藏阿里地区。

阿里天文观测基地

视宁度

"一闪一闪亮晶晶，满天都是小星星。"仔细看夜晚的星星都在闪烁着，尤其是有大风的时候，星星甚至看着像在"跳舞"。其实这就是视宁度，也就是星星受大气的影响而看起来变得模糊和闪烁的程度。光学观测站需要好的视宁度，这样观测到的星星就会很清晰。

冷湖天文观测基地

东半球唯一的国际一流光学天文观测基地，位于青海省海西州冷湖镇赛什腾山，海拔约 4200 米。

冷湖天文观测基地

兴隆观测站

亚洲规模最大的光学天文观测基地，位于河北省兴隆县境内的燕山主峰南麓，海拔约 900 米，距离北京市约 150 千米。目前兴隆站拥有口径 50 厘米以上的天文望远镜 9 台，每年都有天文学家前来利用这些望远镜从事恒星、星系和太阳系内小天体等多种天体和天象的观测研究。

2.16 米望远镜

我国自行研制的第一台两米级光学望远镜，1989 年在兴隆站正式投入使用。它被誉为中国天文学发展史上的一个里程碑，曾经是国内最大，也是远东最大的光学望远镜。

位于兴隆观测站，口径 2.16 米，身高 6 米，自重 90 多吨。

郭守敬望远镜

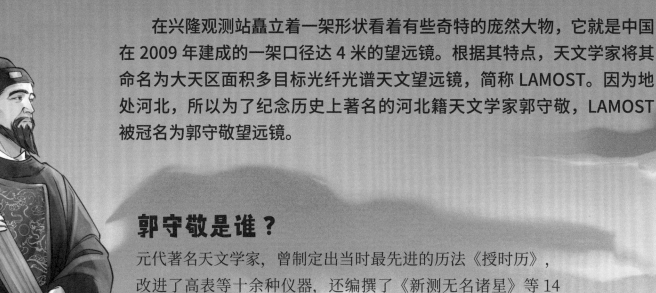

在兴隆观测站矗立着一架形状看着有些奇特的庞然大物，它就是中国在 2009 年建成的一架口径达 4 米的望远镜。根据其特点，天文学家将其命名为大天区面积多目标光纤光谱天文望远镜，简称 LAMOST。因为地处河北，所以为了纪念历史上著名的河北籍天文学家郭守敬，LAMOST 被冠名为郭守敬望远镜。

郭守敬是谁？

元代著名天文学家，曾制定出当时最先进的历法《授时历》，改进了高表等十余种仪器，还编撰了《新测无名诸星》等 14 部天文历法著作。郭守敬敢于大胆探索，极富创新精神，为了纪念他，更好地传承他的科学精神，除了 LAMOST，还有一座月球环形山、一颗小行星也被命名为郭守敬。

坐地巡天

毛主席曾经在诗歌中感叹道："坐地日行八万里，巡天遥看一千河。"这是说因为地球的自转和公转，即使我们坐着不动，也可以巡视天空中非常多的星星。坐北朝南的郭守敬望远镜，就是这样静静地巡视着依次经过它上空的星星们。

光谱——星星的身份证

雨后，一道七色的彩虹出现在天穹，漂亮无比。这就是光谱，白色的太阳光被空气中的水滴分成了七种颜色。光谱包含着丰富的物理信息，天文学家们不用靠近就可以深入研究了。

光谱之王

LAMOST 的焦面相当于人眼的视网膜，可以同时对 4000 颗星星进行光谱观测（相当于同时启动 4000 台望远镜），而美国斯隆望远镜仅为 640 颗。LAMOST 是目前世界上光谱获取率最高的望远镜，具有"光谱之王"的美誉，2013 年 9 月发布的恒星光谱数量就超过有史以来全世界观测到的总和。

镜面拼接

LAMOST 的两个"大眼睛"（主镜和改正镜）都是由很多块六边形的小玻璃组成的，为什么不是像 2.16 米望远镜那样的一整块大玻璃呢？这是因为 LAMOST 的"眼睛"要大很多，如果用一整块玻璃的话就会太厚、太沉。在地球重力的作用下，玻璃会变形，影响天文观测。郭守敬望远镜通过镜面拼接技术，厚度仅仅几十毫米，极大地减轻了玻璃自身的质量。

改正镜　　焦面　　主镜

其他观测站

丰富多彩的星光

你知道吗？天文学家发现星星的光不止可见光，还有射电、红外、微波、紫外、X射线、γ射线，这些光都携带了星星的各种信息。对这些光都进行研究，才能全方位地认识遥远又陌生的星星。

射电是什么？

星星还发出另外一种眼睛看不见的光——射电，我们的手机、收音机接收的信息就是射电的一种。虽然人类在80多年前才首次探测到宇宙的射电信息，但研究射电对现代天文学的发展贡献极大。20世纪60年代天文学连续取得的四项重大发现：类星体、脉冲星、星际分子、宇宙微波背景辐射，都和射电望远镜有关。

天马望远镜，口径65米，高70米，重2700多吨，大小相当于9个标准篮球场。

射电观测站

2012年上海建成了一台口径达65米的射电望远镜，因为位于天马山所以也被亲切地叫做"天马望远镜"。这是一台可以360度全方位转动的大型射电望远镜，当时被誉为"亚洲第一射电望远镜"。

除了天马射电观测站，我国在北京密云、内蒙古明安图、贵州平塘、云南昆明、新疆乌鲁木齐等地还建有很多射电望远镜。它们不仅可以进行天文观测，还能够完成航天通信等工作，用途十分广泛。

空间观测站

随着 2017 年慧眼号 X 射线卫星发射升空，中国位于太空的观测站也将越来越多。

慧眼号 X 射线卫星

地球的"过滤窗"

可惜地球的大气层隔绝了大部分光，只让可见光和射电进入地面，其他光几乎都被吸收了。因为有大气窗口，天文学家在地球上主要建设光学和射电望远镜，想要观测天体的其他光就必须飞出大气层。

南极巡天望远镜

南极天文观测站

位于我国第三座南极科学考察站昆仑站附近，海拔约 4087 米。南极站坐享独特的条件，比如观测时间很长、晴天率极高、大气特别干净等，因此这里是地球上最佳的天文观测站之一。

昆仑站

天眼 FAST

地球上最大的一口"锅"

在贵州的大山里，静静地躺着一口直径巨大的"锅"。它就是中国在 2016 年建成的全球最大单口径射电望远镜。根据特点，天文学家将其命名为 500 米口径球面射电望远镜，简称 FAST。由于这只望向宇宙的"眼睛"是全球最大、最灵敏的，我们也自豪地将它称为中国天眼。

为什么要建这么大一口"锅"？

因为望远镜越大越好！500 米口径的天眼看星空时，会非常敏锐地捕捉到信息。正如其名，有了 FAST，我们可以更快地发现脉冲星，更快地和探测器通信，甚至抢先一步和外星人打招呼。

中国天眼之父

这个看起来非常朴素的人是中国天眼的主要发起者和奠基人——南仁东，他主持攻克了一系列技术难题，经过 20 多年艰苦卓绝的努力，实现了中国拥有世界一流水平望远镜的梦想。他的爱国情怀、科学精神和勇于担当的责任感堪称我们的英雄楷模。

 16

为什么建在贵州？

"天无三日晴，地无三里平"的谚语，形象地说出了贵州的自然特点，位于我国西南地区的贵州多阴雨，晴天很少，岩溶地貌多，很少有大块的平地。这样的地形地貌特点，和建造天眼有什么关系呢？

射电望远镜拥有可以穿云透雾的本领，所以即使下雨也能正常观测。光学望远镜对光污染、晴天率、视宁度等条件的严格要求，射电望远镜都不需要重点考虑。

贵州有很多巨型的岩溶洼地（俗称坑，当地叫做凼），这对建造 FAST 非常重要。因为天眼实在是太太太重了，不能全方位转动，只能让地球托着它。贵州的大窝凼洼地就像一个天然的"巨碗"，刚好盛起这只巨大的"眼睛"。

馈源舱

超级"大眼睛"

这面口径 500 米，面积 25 万平方米，相当于30 个足球场大小的巨大反射面，就像人的眼睛一样，收集着来自宇宙的射电信息。

超级"视网膜"

这个重达 30 吨的馈源舱就如同人眼的视网膜，天眼收集到的射电信息都将汇聚到这里，以供天文学家分析研究。

人人都可拥有天文台

头顶的天空变化万千，很容易勾起每个人对天空的强烈好奇。近些年，望远镜生产制作技术越来越成熟，质量和价格逐渐被大众所接受，意味着普通人也可以像天文学家观测宇宙了。

移动天文台

当你拥有一台小型天文望远镜，组装好并使用它观测星空时，可以说你已经拥有了一座简易的"天文台"。通过它，你可以更清晰地观察月球表面，欣赏土星的光环，领略光年外星云的风采。

远程天文台

由于小型天文望远镜需要组装、调试，搬至户外观测，过程相对复杂烦琐。一些资深的天文爱好者会在郊区建造合适的屋子，将望远镜放在那里，并且配套电网设施，这样就能远程用电脑遥控来观测拍摄星星了。远程天文台固定在那里，只需要晴天时打开屋顶，即可通过网络远程观测。

虚拟天文台

人类已经在全球各地和地球之外建造了非常多且类型丰富的天文台，它们收集大量的图像、光谱等数据。想要得到这些数据通常需要到对应天文台的网站寻找。2002 年，中国和多个国家提出虚拟天文台计划，将所有天文台的数据存放在一个地方，方便大家寻找和使用。

中国祝融号(火星车)

美国夏威夷
天文台

由于并不是一个真实的天文台，而是通过计算机技术将其他天文台的数据储存在一起，所以称之为"虚拟天文台"。

欧洲南方天文台
甚大望远镜

寻找超新星

不止天文学家可以寻找超新星，其实你也可以做到！中国虚拟天文台发起的首个天文全民科学项目——公众超新星搜寻，是将天文爱好者的远程天文台数据进行了存储并面向大众开放。通过对比两张星空图片的差别，如果发现新的小星点，很有可能就是一颗超新星。

2015 年，10 岁的廖家铭小朋友发现了一个"可疑目标"，经过专业天文台的光谱观测，正式确认是一颗超新星。

通过这个项目，目前有多位业余天文爱好者发现了 30 颗左右的超新星。

下一个发现超新星的人，会是你吗？

业余天文学家修炼指南

　　我们的眼睛能看到星星，但都是小点。想看到星星真实的样子，甚至是月球表面密布的撞击坑、木星奇妙的卫星、土星漂亮的光环、星云和星系多样的形状等宇宙奥秘，就需要望远镜。那么，如何选择合适的望远镜呢？

实用的双筒望远镜

双筒望远镜外形小巧，价格便宜，十分适合初级天文爱好者使用。不过可别小瞧了双筒的威力，它不仅可以让你领略到星云、星团、星系的风采，还可以帮你快速找到彗星！除了观星，双筒望远镜还可以用来观鸟、眺望山峰。

昴星团

威力无比的天文望远镜

掌握基本观星技能后，就可以使用天文望远镜更加深入地探索宇宙了。天文望远镜种类繁多，可以分为折射式、反射式、折反射式、地平式、赤道式、手动式、自动式等。自动式天文望远镜比较适合快速找星，仅仅通过几步校准操作，就可以点击手柄让望远镜自动转到你的目标。

建议双筒望远镜的倍数不要超过 10 倍，口径不要超过 50mm。不然会因为太沉，反而影响观星的效果。

猎户座火焰星云

折反射式天文望远镜适合观察月亮和木星等行星，这种天文望远镜焦距更长，观察时的放大倍数更大。折反射式天文望远镜通常有好几个目镜，使用时记得先用倍数小的目镜，再用倍数大的目镜进行更高清的观察。

对于一台物镜焦距是 1500mm 的折反射式望远镜，当使用焦距是 10mm 的目镜观察时，放大倍数是 150 倍。

放大倍数 = 物镜焦距 ÷ 目镜焦距

※ 切记不要直接通过天文望远镜观察太阳，会有灼伤眼睛的危险！

哑铃星云

其他观星装备

红光手电：用来照明，光线柔和不刺眼。

指星笔：切记不要指到人或者飞机，否则会有危险发生。

相机、三脚架、快门线等拍照设备：和星空拍个合影，留下美好的纪念。

防蚊虫喷雾：夏季夜晚必备，让你有一个不受打扰的观星氛围。

暖宝宝：冬季夜晚必备，最好贴在袜子和手套中间，这样热量储存效果比较好。

出发，去观星

为了看到更多的星星，需要找一个光污染尽可能小的地方。和光学观测站一样，远离城市的郊区，甚至沙漠、草原、高山都是非常好的选择。如果你生活在城市，只要离开城区100千米左右，就能欣赏到不错的星空。记得在出发前查看天气预报，确定观星地点是晴天并且没有雾霾，最好风力也比较小。

北极星

寻找北极星

夜空中最亮的星星是哪颗呢？你可能会脱口而出北极星的名字。不过，想在满天繁星中一眼就找到它还是比较困难的。鼎鼎有名的北斗七星很容易发现，当看到这个大勺子后，将勺口两颗星星连成一线并延长5倍距离，可以看到在附近只有一颗亮星，它就是北极星。

北斗七星

月亮的星星邻居

经常有一颗出现在月亮旁边的星星，它是谁呢？可能是金星、木星、土星、火星、水星，也可能是轩辕十四、心宿二、毕宿五。这是因为月亮大约每30天就在天上"跑"完一圈，其他星星却"走"得慢多了，所以月亮的邻居并不是固定的一颗星星。

牧夫座大角星
（特亮、黄）

春季大三角

室女座角宿一
（亮、蓝）

狮子座五帝座一
（较亮）

活动星图认星空

面对漫天的繁星，肯定会有很多的问题涌上心头，"最亮的星星叫什么？""哪几个星星连成了一个星座？"小巧便携的活动星图让观测天空变得容易，只需要将星图内侧的日期和外侧的时间重合，就可以知道现在头顶上有哪些星星。

四季快速认星指南

每个季节看到的星空都是不一样的，夏季银河茫茫，冬季亮星极多，秋季星光暗淡，春季狮子当空。头顶的星空，几千年的位置都不怎么变化。只要熟悉不同季节几颗亮星的特点，就可以很快找到它们，附近的其他星星也会慢慢熟悉。

御夫座五车二
（特亮、蓝）

双子座北河三
（亮、黄）

天鹅座天津四
（亮、蓝）

天琴座织女星
（特亮、蓝）

冬季大钻石

金牛座毕宿五
（亮，红）

猎户座参宿四
（特亮，红）

夏季大三角

小犬座南河三
（特亮、黄）

天鹰座牛郎星
（亮、蓝）

冬季大三角

秋季四边形：
飞马四边形
（较亮）

大犬座天狼星
（极亮、蓝）

猎户座参宿七
（特亮，蓝）

举起手机，认识满天星斗！

越来越多方便先进的星空软件，让认识星星变成一件轻松的事情。只需要举起屏幕对准星星，就能显示它的名称、亮度、距离、温度。在软件中修改时间，你就可以瞬间"穿越"几万年，看到原始人眼中的星空。

23

第五章

飞天

进入近现代后，城市飞速扩张，光污染、电磁干扰等因素对天文观测的影响越来越大。为了得到优质的观测数据，天文学家将望远镜建造在高山、沙漠、草原这些人烟稀少的地方进行巡天观测。

不论从哪个角度来看，没有人为干扰、大气影响的太空一定是绝佳的天文观测站。受到航天技术和经济实力的限制，能够在太空环境下进行巡天的国家寥寥无几。近些年，随着我国航天事业的蓬勃发展，悟空号、墨子号、慧眼号、羲和号等先后飞天，我们中国人对宇宙的认识越来越全面。

追逐太阳

太阳在天空中最大、最亮、最热，从古时候起人们就对它无比好奇。著名古书《山海经》中就记载了一则"夸父与日逐走"的故事。

夸父虽然没有追逐到太阳，但这种逐日的行为彰显了我们中国人自古以来的大无畏精神。正是因为这种精神的鼓舞，现代中国人依然在追逐火热耀眼的太阳。

坐地观日

古代主要通过日晷、圭表、仰仪等工具来观测太阳，当时的人们只能知道太阳在天空中是怎么运动的，然后编制历法用于日常的生产生活。随着科技的发展，望远镜、日像仪等仪器加入观测和研究太阳的行列。通过在太阳观测站建造的利器，天文学家可以获得太阳的实时高清图像、不同位置的温度、元素组成分布、磁场强弱变化等许多信息，从而进行太空天气监测和预报。

对流区

辐射区

核心区

云南抚仙湖太阳观测站

亚洲最大，也是世界最好的太阳观测站之一。主力设备为 1 米新真空红外太阳望远镜，可以对太阳进行高分辨率的成像、光谱以及磁场观测。

北京怀柔太阳观测站

由五个不同功能的望远镜组成的多通道望远镜，这项技术为我国独创，是具有世界领先水平的太阳望远镜系统之一。

黑子

太阳的简历

姓名：太阳

年龄：50亿岁

出生：由一团星云在自身的引力作用下坍缩而逐渐形成

位置：距离银河系中心大约2.6万光年的旋臂

组成：主要由氢和氦元素组成，其他元素仅占2%

温度：表面约6000摄氏度，内部高达1500万摄氏度

特征：黑子、耀斑、日冕物质抛射等

影响：地球出现极光、干扰卫星运行等

太阳

银河系

日珥

光球层

色球层

耀斑

飞天探日

2021年10月，我国成功发射的"羲和号"卫星，在距地517千米的太阳同步轨道上，几乎不受任何阻挡，全天候直视着太阳。在正式迈入太空探日时代后，我国在2022年10月发射"夸父一号"太阳天文台卫星，对太阳进行更多的科学观测。

内蒙古明安图太阳观测基地

作为世界最好的太阳射电观测设备，100面白色抛物面天线组成的射电频谱日像仪，可以观测到耀斑和日冕物质抛射等太阳活动。

飞天梦成

行走在天地间的中国人对天空有着极高的敬意和极强的好奇，很早就幻想能够飞天，抑或升仙，抑或探秘。

敦煌壁画

早在先秦时代散落于各地的墓室壁画中就绘有飞天升仙的场景，而最著名的则要数敦煌地区石窟壁画中的飞天。从公元4世纪（十六国）到14世纪（元代），敦煌飞天的形象历经十个时期，历时千余年，风格和姿态一直在不断变化。这些凌空翱翔的飞天，有着飘逸的衣裙和飞舞的彩带，不但极富美感也给人以无穷的想象。

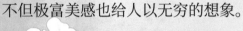

世界航天梦想第一人

渴望真正地飞上天空，不乏开拓进取实践精神的中国古人也有大胆尝试。据传早在600多年前的明朝初年，万户（本名陶成道）就想到利用火箭飞上天并亲自做了尝试。有一天他自己坐在椅子上，把几十个自制的火箭绑在椅子后，双手举着两只大风筝，然后叫人点火发射。他想利用火箭的推力，再加上风筝的帮助飞上天空，可惜火箭爆炸，万户也为此献出了生命。

万户的努力虽然失败了，但他的事迹不断地激励着中国人早日实现飞天梦。600多年后的1960年，中国第一枚探空火箭在上海成功发射，开启了我国飞天的第一步。

长征系列运载火箭

探空火箭能够到达的高度有限，携带物体进入更高的太空才是我们的目标，但这种任务需要结构更复杂、难度更高的运载火箭来完成。由于运载火箭的研制征途漫漫，因此也被命名为"长征"，寓意一定会像红军长征一样，克服任何艰难险阻，获得最终胜利。

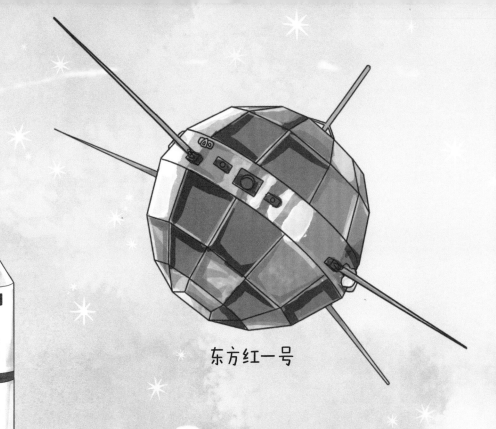

东方红一号

东方红，太阳升

经过 12 年艰苦卓绝的努力，终于在 1970 年 4 月 24 日，长征一号运载火箭将我国第一颗人造地球卫星——东方红一号成功发射到距地面 400 多千米的太空！东方红一号的成功发射是具有里程碑意义的成就，这让我国成为世界上第五个能自行研制和发射人造地球卫星的国家，从此一步一步迈入航天大国、强国的行列。

东方红一号成功发射的日子也被设立为"中国航天日"，从 2016 年起每年这个时候都会举办航天主题活动，为大家科学普及航天知识，弘扬深厚博大的航天精神。

卫星家族

经过 50 多年的发展，我国的卫星大家族已经拥有近 500 颗人造卫星，位居世界第二。这些绕地球运行的卫星们，既可向上观天，又可向下察地，在导航、通信等领域也有广泛的应用。卫星家族的成员轨道各不相同，大部分运行在距离地面 400 千米左右的近地轨道，也有的运行在距地面高度约 3.6 万千米的地球静止轨道上，还有太阳同步轨道等其他特殊轨道。

孙悟空和"悟空号"

暗物质是可能存在于宇宙中的一种不可见的物质，天文学家认为其占宇宙全部物质总质量的 85% 左右。就像《西游记》中，美猴王孙悟空那双一眼可以看穿所有的火眼金睛一样，我国首颗暗物质粒子探测卫星叫做悟空号，希望它能帮助科学家洞察到暗物质的存在，为我们取回"真经"。

独具"慧眼"

除了人类眼睛可以看见的可见光，宇宙中还有射电、红外线、紫外线、X 射线、γ 射线等，它们都属于天体的电磁辐射信息，但是这些光我们都看不到。2017 年，我国成功发射首颗硬 X 射线调制望远镜——慧眼号，科研人员希望它能够独具慧眼，敏锐发现黑洞、中子星等高能天体的活动变化。

此外，慧眼号也是为了纪念推动中国高能天体物理发展的科学家何泽慧（已故）。

墨子和"墨子号"

传统通信存在密码破译或者被监听的风险，如果使用量子进行通信会十分安全。2016年，我国自主研制的世界上首颗量子科学实验卫星墨子号成功发射升天。

这颗卫星的命名来自2400多年前的墨家学派代表——墨子，他曾在《墨经》中记载了世界上第一个"小孔成像"实验。这是第一次对光沿着直线传播进行科学解释，为未来量子通信的发展打下了一定的基础。

羲和女神与"羲和号"

在我国远古神话中，羲和既是太阳的母亲，也是为太阳驾车的女神，掌管时间和历法。2021年我国成功发射的首颗太阳卫星被命名为"羲和"，这颗卫星会通过分析太阳光谱，研究太阳爆发等科学问题。从夸父追日到羲和探日，对太阳的追逐，我们从未停歇。

"风云系列" 气象卫星

古人通过经验总结出看云识天气的本领，但准确度很难保证。当卫星在太空中俯瞰地球时，风和云的类型、移动等尽收眼底，大大提高了天气预报的准确度。从 1988 年到现在，我国已经发射了 19 颗风云系列卫星，是继美国、俄罗斯之后第三个同时拥有两种（极轨和静止）轨道气象卫星的国家

风云二号

"高分系列" 遥感卫星

"站得高、看得远"。高分系列遥感卫星不只是千里眼还是一双火眼金睛。位居几百千米高的太空，哪怕地球表面 10 厘米大小的物体，都可以看清楚。高分系列卫星目前已发射了 14 颗，类型多，应用广，个个本领大。

2018 年大兴安岭发生火灾，位于 3.6 万千米的太空的高分四号，在把握火情发展变化上大显身手。

高分二号

高分四号

2017 年九寨沟突发 7.0 级大地震，高分二号卫星快速精准提供的灾情数据，为抗震救灾提供了强有力的支持。

在 2008 年汶川地震时，短报文功能在抗震救灾中就发挥了巨大的作用。

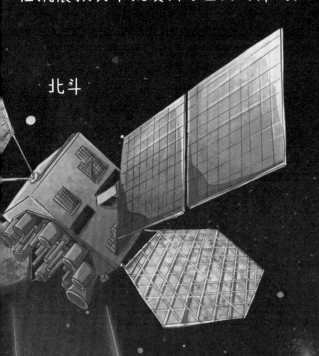

北斗

"北斗系列" 导航卫星

古人发现北斗七星的勺柄会随着季节变化而指向不同的方向，通过北斗七星，可以分辨东南西北，从而确认自己的位置。

迈入现代后，对定位导航的要求更加精确，小到开车出行，大到导弹飞行，很可能失之毫厘就谬以千里。我国从 1994 年开始了自主卫星导航系统的建设，并将其命名为北斗。经过近 30 年艰苦卓绝的努力，终于完成了自主建设、独立运行、功能强大的全球卫星导航系统。

除了重要的定位导航功能，北斗还拥有独创的短报文功能，即使受灾地区没有通信信号，也可以发文字、图像、语音等内容与外界进行紧急通信。

"张衡一号" 电磁监测试验卫星

我国地震分布广、强度大、震源浅，是世界上大陆地震活动最强烈、灾害最严重的国家之一。我国自古以来就对地震研究十分重视，据记载，东汉时期伟大的科学家张衡在公元 132 年发明了著名的候风地动仪，这是世界上第一架测验地震的仪器。

2018 年 2 月，我国成功发射首颗观测与地震活动相关电磁信息的卫星，并命名为张衡一号，以纪念张衡在地震观测方面的杰出贡献。运行在太空中的张衡一号将弥补地面监测的不足，为地震监测研究提供有价值的先兆信息。

张衡一号

天庭成真

在《西游记》中，美猴王孙悟空一个筋斗云即可到达天上的神仙居所——天之宫庭（又称天庭、天宫），这里看上去"金光万道滚红霓，瑞气千条喷紫雾"，里面住着玉皇大帝和各路神仙。然而天宫只是神话传说，筋斗云也只是法术，寄托着古人对遥不可及的神秘天空的向往。20世纪中叶，人造地球卫星的上天让人类天际遨游变成可能，神话里的天宫正在一步一步成为现实……

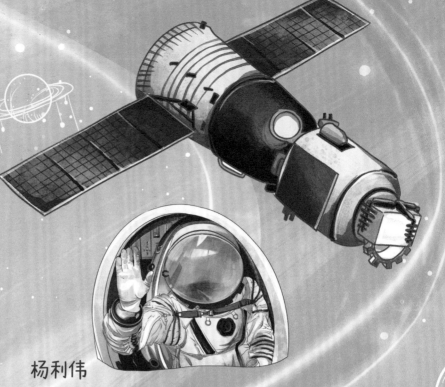

杨利伟

神舟载人飞船

中国载人航天的第一步是实现天地往返。作为航天员的"筋斗云"，载人飞船取名为"神舟飞船"，寓意神奇的天河之舟，又是中华"神州"的谐音。

2003年，航天员杨利伟乘坐神舟五号飞船冲破云霄，历时21小时23分完成太空往返，实现了中华民族千年飞天的愿望。就此，中国成为继前苏联和美国之后，第三个独立掌握载人航天技术的国家。

2005年10月12日到17日，神舟六号载着费俊龙和聂海胜两名航天员完成了两人多天的航天飞行任务。

神舟十号，聂海胜、张晓光、王亚平
2013年6月11日到26日

2008年9月25日到28日，神舟七号载着翟志刚、刘伯明、景海鹏三名航天员完成中国人首次太空行走。

神舟八号，无人
2011年11月1日到17日

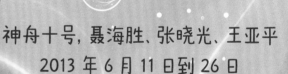

神舟九号，景海鹏、刘旺、刘洋
2012年6月16日到29日

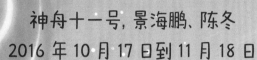
天宫二号

神舟十一号

天宫空间实验室

神舟飞船只能相对短暂地往返地球与太空之间，传说中的神仙们却是久居天庭。中国载人航天的第二步，就是建造一个现实版的"短期天庭"，也就是天宫空间实验室。

神舟十一号, 景海鹏、陈冬
2016 年 10 月 17 日到 11 月 18 日

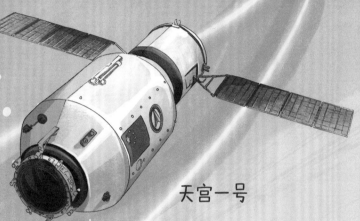
天宫一号

在茫茫太空中，神舟飞船将航天员送入同样高速飞行的天宫空间实验室，需要掌握难度极高的技术。2011 年天宫一号发射升空，神舟八号、九号和十号飞船依次发射，圆满完成多次自动和手动空间交会对接任务，将多名航天员送入太空。2016 年天宫二号发射升空，神舟十一号飞船随后升空与其交会对接，在那里航天员完成了长达一个月的驻留。

太空加油站

中国载人航天的第三步，即最终目标是建造长期的空间站。"兵马未动，粮草先行"，必须要有"快递员"为空间站进行"送货上门"服务。承担这一工作的是天舟货运飞船，在太空中准确投递货物，非常考验"快递员"的业务能力。

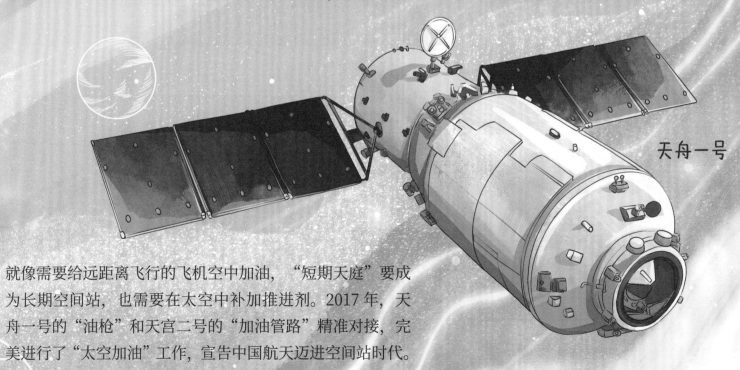
天舟一号

就像需要给远距离飞行的飞机空中加油，"短期天庭"要成为长期空间站，也需要在太空中补加推进剂。2017 年，天舟一号的"油枪"和天宫二号的"加油管路"精准对接，完美进行了"太空加油"工作，宣告中国航天迈进空间站时代。

中国空间站

中国空间站体型巨大，包括天和核心舱、问天实验舱、梦天实验舱和巡天光学舱（即空间望远镜）。航天员和补给物资会分别通过神舟载人飞船和天舟货运飞船，与天和核心舱实现对接。2021年4月29日，天和核心舱成功发射，中国空间站的"建设运营"正式开始。终于，中国人梦中的"天宫"要成真了。

神舟载人飞船

三舱构型，由轨道舱、推进舱、返回舱组合而成，总长度约9米，总质量约8吨。

神舟十二号：聂海胜、刘伯明、汤洪波，驻留3个月。

神舟十三号：翟志刚、王亚平、叶光富，驻留6个月

神舟十四号：陈冬、刘洋、蔡旭哲，驻留6个月

神舟十五号：费俊龙、邓清明、张陆，驻留6个月

梦天实验舱

2022年10月发射，大小和问天实验舱一样，以应用实验任务为主。

天舟货运飞船

两舱构型，由货物舱和推进舱组合而成，主要运送航天员所需的生活物品、空间站所需的推进剂以及新增的实验设备。

已发射天舟二号、三号、四号、五号

问天实验舱

2022 年 7 月发射，总长度约 17.9 米。问天虽然叫做实验舱，但是并不是只有实验任务，还有和天和核心舱一样的控制功能，相当于备份增强版的天和。

天和核心舱

我国自主研制的规模最大、系统最复杂、功能最多的航天器，重 22.5 吨，长 16.6 米。核心舱包括节点舱、生活控制舱和资源舱三部分，主要用于空间站统一控制和管理，具备长期自主飞行能力，可支持 3 名航天员长期驻留。

作为空间站的核心，天和通过多个对接口与其他舱段连接。在这里，航天员除了吃饭、健身、睡觉，还要开展植物培养、材料制备等各类太空环节下的实验研究。

巡天空间望远镜

这将是中国天文界有史以来最先进，也是最昂贵的研究设备，可能带给人类对于宇宙的崭新认识，比如暗物质、暗能量、宇宙膨胀等。巡天空间望远镜预计于 2024 年发射，口径达 2 米，整体大小和一辆大巴车差不多。它将与空间站保持共轨飞行的状态，方便航天员进行维修。

太空生活

"天宫"已经迎来了多批航天员，在距离地球 400 千米的高空，他们在太空中的生活是怎样的呢？

航天员们几乎每天都需要跑步、骑自行车、打太极、使用拉力器、穿企鹅服等常规锻炼，还会做倒立、翻跟斗等地面上的高难度动作。

太空吃点啥

《西游记》中写到的天宫庆典大礼蟠桃大会，据说是"珍馐百味般般美，异果佳肴色色新"。那么，航天员在"天宫"中可以吃到哪些美食呢？神舟十一号乘组航天员在太空的食谱每 5 天进行一次循环，包括主食、副食、即食、饮品、调味品、功能食品等六大类，近一百种。在中国空间站上，菜单扩充到 120 余种食品。

每天锻炼不能少

因为在太空中重力消失，大家看到航天员都是飘来飘去的。虽然失重的感觉看着非常有趣，但是实际上会影响航天员的身体健康，比如血容量下降、肌肉萎缩等。通过锻炼身体，可以对抗失重带来的影响。

企鹅服：可以在失重状态下为身体提供物理防护，相当于把身体失去的重力加上。

超酷的蓝白航天服

航天员们也有好几件衣服，比如白色的舱内航天服、蓝色的舱内工作服等。在飞船发射、返回时，可能会出现突发状况，因此航天员必须穿功能强大、有防护功能的舱内航天服，避免意外伤害。在进驻"天宫"期间，航天员会穿舒适美观的舱内工作服，以及锻炼服、休闲服、企鹅服等多种服装。如果要进行出舱活动，需要穿特殊的舱外航天服。

一天 16 次日出日落

航天员们有极好的视角俯瞰地球。海洋、陆地、云层、万家灯火，尽收眼底。你知道吗？在太空中航天员每天可以看到 16 次日出和日落。这是因为中国空间站运行在距离地面大约 400 千米的高空，每 90 分钟就绕地球一圈。

在地球上，你也可以看到空间站飞过头顶。在日落后或者日出前不久，偶尔会看到一个相对较明亮、类似小星星的物体在夜空中缓缓飞行，它很可能就是中国空间站。

天宫课堂

太空有着与地面完全不同的环境，很多课堂上的科学实验在这里会产生许多意想不到的结果。蚕在太空中会不会吐丝？陀螺在太空中也会旋转吗？……你心中肯定还有许许多多的问题，来看看最高课堂都做了哪些有意思的实验吧！

中国太空授课第一人

2021 年，一场别开生面的课程在中国空间站敲响上课铃声。在这个别样的天宫课堂上，航天员王亚平开展了太空转身、泡腾片实验和天地互动交流等 8 个授课内容。她不仅仅我国第一位太空老师，还是第一位太空行走的女航天员、第一位太空出差超过 100 天的女航天员。

梦想就像宇宙中的星辰，看似遥不可及，但是只要你努力就一定能够触摸到。——王亚平

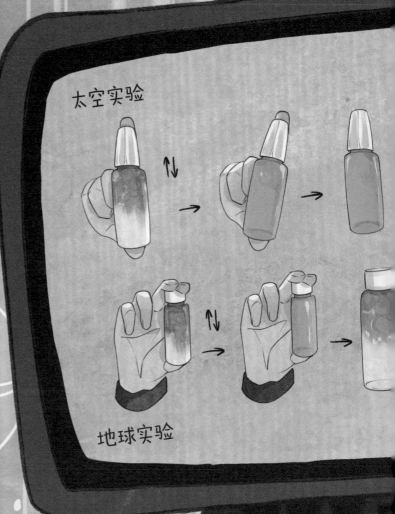

太空实验

地球实验

浮力消失实验

开始这个实验前，王亚平老师请地球上的同学们将乒乓球放在水中，乒乓球漂浮在了水面上。而在太空中，乒乓球却稳稳地停在了水杯中央。这是因为向下的重力和向上的浮力是相伴相生的。在太空失重环境下，重力消失，浮力也消失了，因此乒乓球不能上浮。

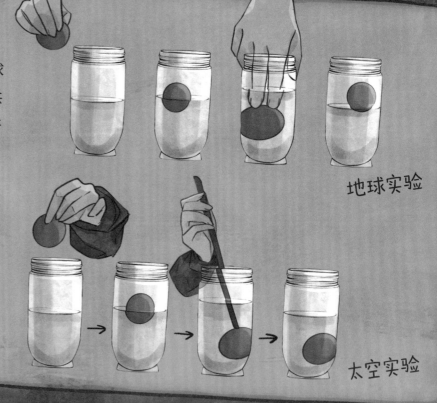

地球实验

太空实验

水油分离实验

在地面上，水和油倒在一个瓶子里，开始的时候它们会混在一起。静置一会后，水和油自然分层，油在上水在下，这是因为不同密度的物体受到的浮力不同。

然而在太空中由于几乎没有重力，浮力也随之消失，水和油无法自然分层，必须通过甩瓶子启动"人工离心机"使它们分离。

陀螺旋转实验

陀螺是非常受欢迎的玩具，但是太空里的陀螺会是什么样的呢？通过在太空中的演示可以看到，旋转的陀螺会保持着固定的轴向。这就是定轴特性，在航天领域用途广泛，有了它航天器才能精准地保持着固定的飞行姿态。

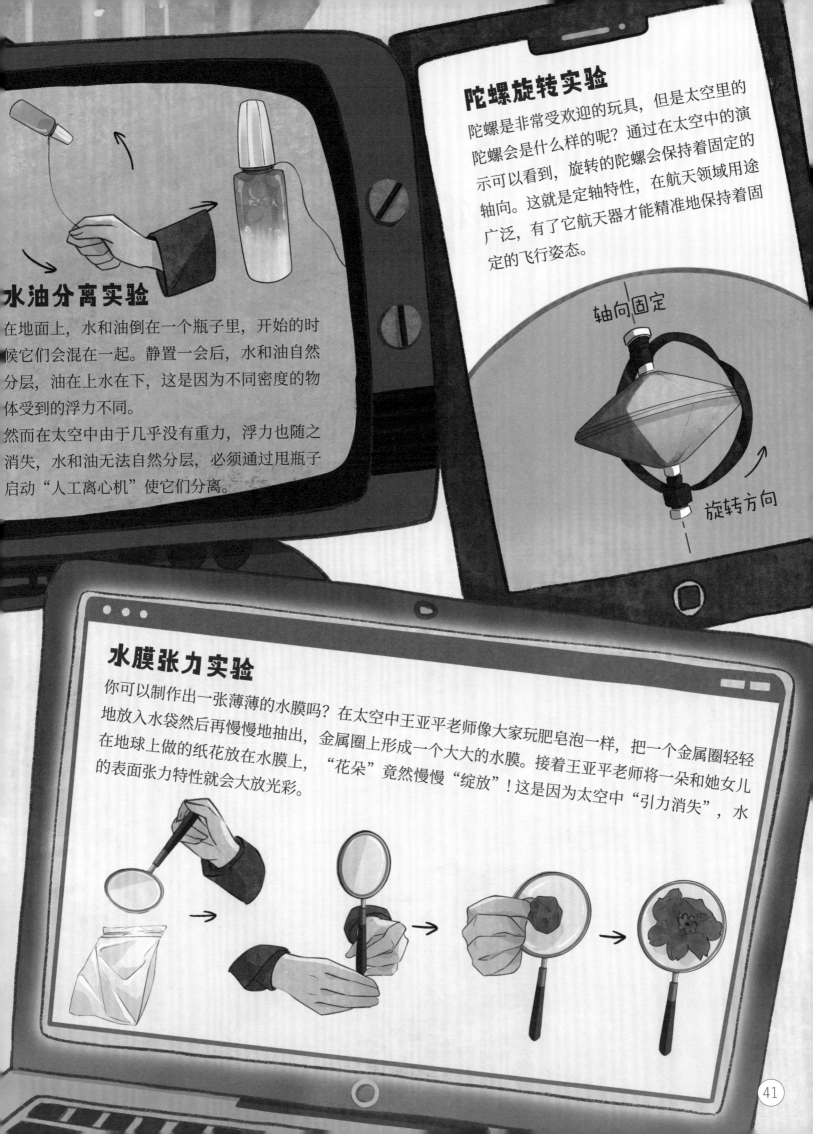

轴向固定

旋转方向

水膜张力实验

你可以制作出一张薄薄的水膜吗？在太空中王亚平老师像大家玩肥皂泡一样，把一个金属圈轻轻地放入水袋然后再慢慢地抽出，金属圈上形成一个大大的水膜。接着王亚平老师将一朵和她女儿在地球上做的纸花放在水膜上，"花朵"竟然慢慢"绽放"！这是因为太空中"引力消失"，水的表面张力特性就会大放光彩。

第六章

探天

中国空间站飞在距离地球仅 400 千米高的天上，但那里并不是终点。中国人还想探索更高的天，飞向 38 万千米远的月球、6000 万千米远的火星、6 亿千米远的木星……

首次来到月球背面的是嫦娥四号，唯一对火星一次就完成绕、落、巡的是天问一号……虽然错过了 500 多年前世界上轰轰烈烈的大航海时代，但 20 世纪以来全球的大航天时代，我们俨然已成为耀眼的主角。

宇宙快递员

$\upsilon = 16.7km/s$

$\upsilon = 11.2km/s$

$\upsilon = 7.9km/s$

"10,9,8,7,6,5,4,3,2,1, 点火！"随着大量白色气体喷出，火箭拔地而起，直冲云霄，将航天员、卫星、物资等送入太空。作为前往宇宙的"快递员"，火箭需要具备什么特点呢？

快

当你把一个火箭模型扔出去，它一定会掉到地面上。这是因为宇宙中存在万有引力，地球把火箭模型向下吸引。假如，你的火箭模型在 1 秒内可以至少飞 7.9 千米，它将围绕地球旋转而不再落到地面上。相比高铁、飞机，火箭的速度可是非常快的。

长征五号

CZ-5B

壮

火箭飞得快也必然长得壮，因为它需要携带大量燃料。直径达 5 米的长征五号是我国研制的大型火箭，它的高度也达到约 57 米，相当于 19 层楼的高度。被大家亲切地称为"胖五"的长征五号火箭，在 2020 年到 2021 年期间，先后将 5 吨的天问一号火星探测器、8.2 吨的嫦娥五号月球探测器、22.5 吨的中国空间站天和核心舱送入太空，它可真是力大无穷！

长征十一号

优

送不同的卫星进入太空，选派的火箭也不同。我国最轻的卫星高分03A星仅重42千克，搭档的是长征十一号火箭，直径仅2米多，高度也才20米，看上去相对"瘦小"。但是从准备到发射不到24小时就可以完成，工作起来十分干脆利落。

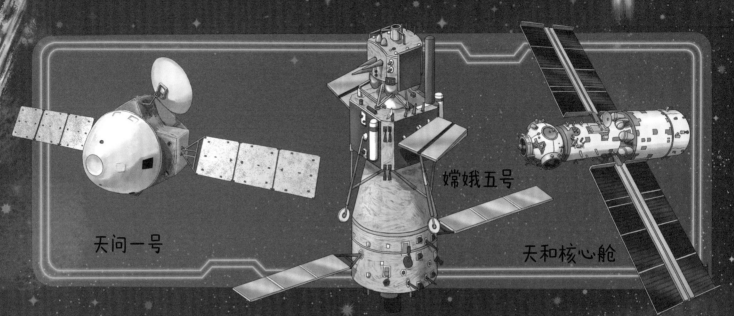

天问一号

嫦娥五号

天和核心舱

神箭

作为"长征"系列运载火箭中的明星，长征2号F火箭有着"神箭"的美名。它全程参与了中国载人航天工程"三步走"战略的每一步，截至2022年，共执行十余次任务，其中包括发射5艘无人飞船、2个空间实验室和10艘载人飞船，均取得圆满成功，将26人次航天员送入太空。

中国火箭之王

有着"火箭之王"和"中国航天之父"之称的钱学森，早在1955年就已经是世界知名的科学家。在突破重重阻力回到祖国后，他满腔热忱地投身于中国航天事业。他受命筹建了我国第一个火箭研究机构、亲笔撰写了第一本航天教科书、参与研制了第一颗人造地球卫星，制订了第一个星际航行的发展规划。

东方红一号

九天揽月

嫦娥奔月的神话

古人出于对星辰的崇拜，在上古时代就有嫦娥奔月的神话传说。在西汉《淮南子》等古书中，嫦娥是射掉 9 个太阳的大英雄后羿之妻，一个美丽善良的女子。后羿的弟子逢蒙觊觎西王母送的长生不老仙药，趁后羿不在家时逼迫嫦娥交出仙药。嫦娥无奈之下只能吞下仙药，飘飘悠悠地飞了起来，一直飞到了月亮上。从此嫦娥一人孤独地住在月亮上的广寒宫中，只有玉兔陪伴左右。

人类探索的开始

1957 年，苏联发射人类第一颗人造地球卫星，正式开启了航天时代。发射人造地球卫星、载人航天和深空探测是航天活动的三大领域。作为距离地球最近的天体（平均仅约38 万千米），月球自然成为深空探测的首选和热门探测目标。

月球是什么？月球上有什么？这些困扰人类几千年的问题终于有可能找到答案，人类也许可以去月球上走一趟，实地进行考察了！

中国探月工程

2004 年，中国正式开展月球探测工程，并诗意地以我国古代神话人物嫦娥命名，希望"现代嫦娥"能够成功奔月。嫦娥工程规划为"无人月球探测""载人登月"和"建立月球基地"三个阶段。

嫦娥工程没有神话里的"仙药"，为了保证第一阶段的成功，需要采取先"绕"、后"落"、再"回"的三步走战略。

2019 年，嫦娥四号和玉兔二号在"鹊桥"号中继卫星的帮助下成功降落在冯·卡门撞击坑，首次实现人类在月球背面软着陆。

绕

2007 年，嫦娥一号成功抵达月球上空并进行环绕探测，成为月球的人造卫星。中国人千年的嫦娥奔月梦实现了！2010 年，嫦娥二号再次抵达月球上空，这次飞得更低，获得了更清晰、更详细的月球表面影像数据。

落

成功实现环绕探测任务后，2013 年，嫦娥三号成功软着陆于月球虹湾地区，科学家用嫦娥在月亮上的宫殿"广寒宫"为着陆点周边区域命名。一同着陆的还有我国首辆月球巡视器（即月球车），它被命名为"玉兔号"，希望能与嫦娥三号着陆器相伴，共同探索月球。

掌握了丰富的落月技术后，中国探月人再次挑战更高难度的采样返回技术。2020 年，嫦娥五号携带着近 2 千克月球"土特产"——月壤返回地球，标志着"无人月球探测"阶段完美收官。

嫦娥家族

嫦娥一号——首次绕月探测

旅程：西昌卫星发射中心→月球上空→丰富海

我国航天事业取得了第 3 个具有里程碑意义的成就——嫦娥一号首次实现了绕月探测。在环绕月球飞行 482 天，获取大量成果后，嫦娥一号受控撞击月球表面 (即硬着陆)。

嫦娥二号——首次获得人类最高分辨率月球地图

旅程：西昌卫星发射中心→月球上空→飞向太阳系深处

作为嫦娥一号的备份星，嫦娥二号利用升级版仪器将月球地图的分辨率提高了 17 倍。为帮助嫦娥三号降落月球选择合适的地点，嫦娥二号还对虹湾地区进行了 1 米分辨率的超高清拍摄。

在圆满完成月球探测任务后，嫦娥二号在距地球约 700 万千米外与图塔蒂斯小行星"亲密接触"并拍摄"证件照"，也首次实现我国对小行星的飞掠探测。

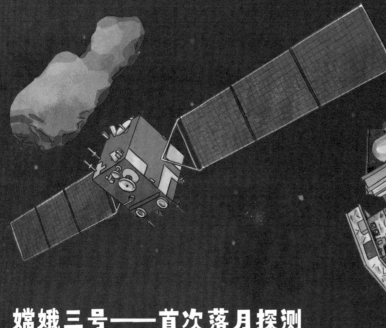

嫦娥三号——首次落月探测

旅程：西昌卫星发射中心→月球上空→虹湾

与地球表面环境截然不同，想要平稳降落 (软着陆) 在月球表面极其困难，嫦娥三号着陆器"怀抱"玉兔号月球车小心翼翼落在月球上，并留下了中国的第一行车辙印。它们就像月球上的科学家，依托有利条件，开展测月、巡天、观地的科研任务。

嫦娥四号——首次实现人类在月球背面软着陆

旅程：西昌卫星发射中心→
月球上空→冯·卡门撞击坑

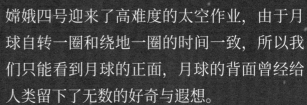

嫦娥四号迎来了高难度的太空作业，由于月球自转一圈和绕地一圈的时间一致，所以我们只能看到月球的正面，月球的背面曾经给人类留下了无数的好奇与遐想。

为了嫦娥四号能够安全着陆并正常工作，科学家首先将中继星发射到一个叫做 L2 点的位置。在那里，它可以同时看到地球和月球背面，充当通信的桥梁，因此用织女牛郎七夕相会的"鹊桥"来命名。在鹊桥中继星的帮助下，玉兔二号月球车已经在月球背面行驶超过 1455 米。

嫦娥五号——首次月球挖土返回探测

旅程：文昌卫星发射中心→吕姆克山→内蒙古

嫦娥五号包括轨道器、返回器、着陆器和上升器，在历代"嫦娥"中结构最复杂，探测难度最大。要成功将"土特产"月球土壤带回地球，需要进行两次发射（地面发射与月面发射）、两次着陆（月面着陆与地球着陆）、两次封装（月面封装与月轨封装）、一次交会对接（月轨对接）。好在，最后顺利带回了"土特产"！

月之中国

月球地貌

遥望月球时，你会发现它其实并不是洁白无瑕的，皎洁的玉盘中间有一些暗暗的区域。在古人眼里，这些区域连起来后的形状看起来就像一只金蟾，因此也将月亮称为"蟾宫"。

环形山

后来，天文学家对月球进行了更详细的观测，并将月球和地球的地形进行奇妙的类比。月球上暗色的地方被称为"月海"，因为人们最初以为那里会像地球的海洋一样充满海水，后来发现这部分其实是月球的平原地区。亮色的地方被叫做"月陆"，因为高山易于反射阳光，而在亮色的地方有许多环形的区域，所以被称为环形山。

伽利略

月球地貌的命名

1609 年伽利略首次通过望远镜观察月球，并用他家乡的亚平宁山脉为最明显的高山命名。之后，月球上的其他地貌也陆续被赋予了名字，用来标记其方位和形貌类型，比如雨海、风暴洋、第谷环形山等。

月球上的中国名字

我国开展嫦娥探月工程前，月球上的中国元素命名仅有 16 个，比如以古代数学家祖冲之、唐朝著名诗人李白、现代天文事业奠基者高平子等命名的撞击坑及卫星坑，以我国女性名字婉玉、宋梅命名的月溪等。十几年来，我国获取了大量高清月球照片，越来越多的中国名字出现在月球上。

祖冲之

毕昇

蔡伦

来自"嫦娥"的贡献

2007 年嫦娥一号顺利实现绕月并拍下了第一张属于中国的月球背面照片。接着在 2010 年，月球背面北部的两个撞击坑以发明活字印刷术的北宋毕昇和改进造纸术的东汉蔡伦命名，月球背面南部的一个撞击坑被命名为张钰哲，他是我国现代著名天文学家，同时也是"中华星"的发现者。

随着嫦娥三号、四号、五号的陆续着陆，所在区域分别被命名为"广寒宫""天河基地""天船基地"，它们附近的一些撞击坑被命名为"紫微""太微""天市""织女""河鼓""天津""裴秀""沈括""刘徽""宋应星""徐光启"，山相应地也被命名为"泰山""华山""衡山"。

向天之问

经过多年坚持不懈的努力，"嫦娥"和"玉兔"对月球的探测取得了巨大的成功。现在是时候出发去探望地球的其他邻居了！

"上下未形，何由考之？"
宇宙诞生之前是什么样子？
"日月安属？列星安陈？"
太阳、月亮以及星星们为什么在那个位置？

屈原的连环问题

2200 多年前，著名爱国诗人屈原在长诗《天问》中提出了 150 多个问题，对天地、自然和人世等现象进行发问。这篇被誉为"千古万古至奇"的作品，展现了中国人深邃的思想和追求真理的探索精神。

天问计划

2020 年 4 月 24 日，对地球邻居的探测计划被正式命名为"天问"，中国人将开启对火星、木星等太阳系行星的探测。"天问"不仅解答两千多年前屈原的疑问，也体现了传统文化与现代科技的完美结合，延续中华民族对真理持之以恒的坚韧追求。

首次火星探测任务

2020 年 7 月 23 日，"胖五快递员"携带天问一号火星探测器，于海南文昌航天发射场奔赴火星。经过近 7 个月的航行，在大年三十的前一天，天问一号在太空"刹车"后被火星"捕获"，顺利成为一颗围绕火星的人造卫星。

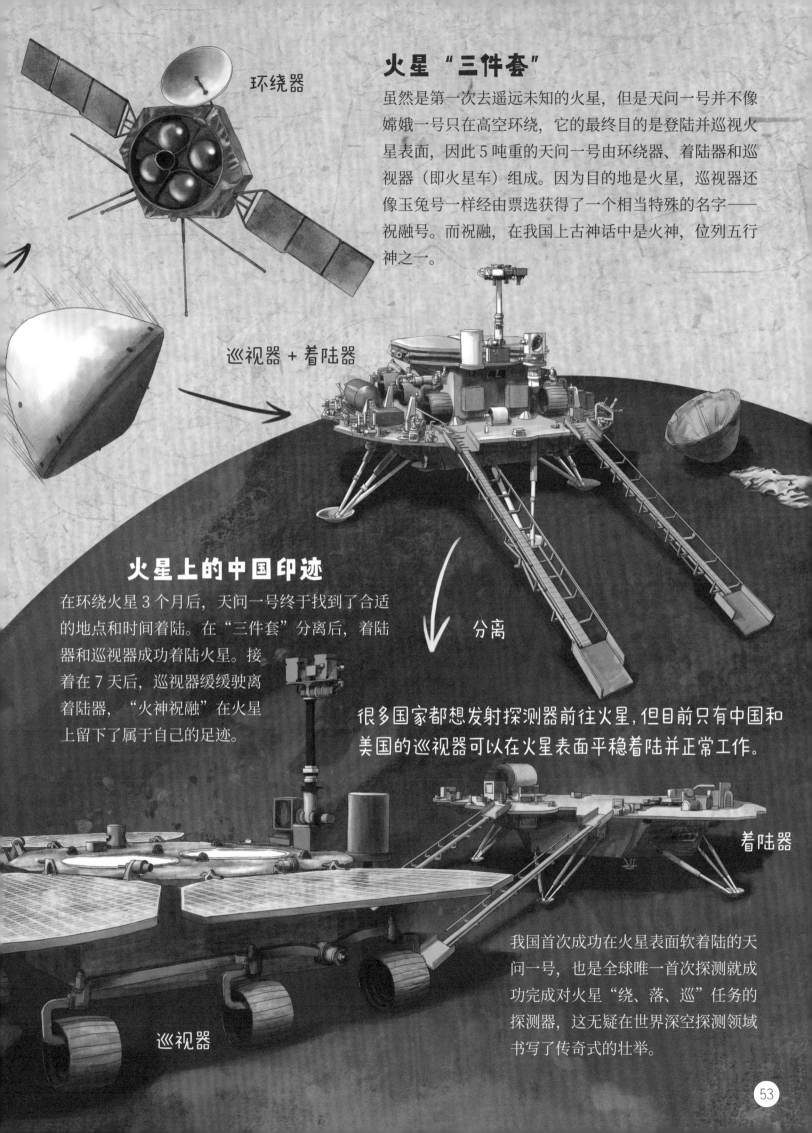

环绕器

火星"三件套"

虽然是第一次去遥远未知的火星，但是天问一号并不像嫦娥一号只在高空环绕，它的最终目的是登陆并巡视火星表面，因此5吨重的天问一号由环绕器、着陆器和巡视器（即火星车）组成。因为目的地是火星，巡视器还像玉兔号一样经由票选获得了一个相当特殊的名字——祝融号。而祝融，在我国上古神话中是火神，位列五行神之一。

巡视器 + 着陆器

火星上的中国印迹

在环绕火星3个月后，天问一号终于找到了合适的地点和时间着陆。在"三件套"分离后，着陆器和巡视器成功着陆火星。接着在7天后，巡视器缓缓驶离着陆器，"火神祝融"在火星上留下了属于自己的足迹。

分离

很多国家都想发射探测器前往火星，但目前只有中国和美国的巡视器可以在火星表面平稳着陆并正常工作。

着陆器

巡视器

我国首次成功在火星表面软着陆的天问一号，也是全球唯一首次探测就成功完成对火星"绕、落、巡"任务的探测器，这无疑在世界深空探测领域书写了传奇式的壮举。

火星的简历

作为我国第一颗火星人造卫星，天问一号环绕器在火星上空不间歇地高速飞行着，用它携带的仪器对火星进行全面科学探测，更多关于火星的谜题即将解开。

酷似地球

虽然火星比地球小不少，但它却是太阳系中最像地球的。火星完成一个"转身"需要24小时37分钟，和地球一天的时间差不多。火星也和地球一样侧着身子旋转，所以这颗红色星球上也有春夏秋冬的四季变化，甚至在南北两极也有和地球类似的白色极冠。

火星表面遍布着沙丘和砾石，看上去非常像地球上的沙漠，时不时还会有超强沙尘暴席卷整颗星球。

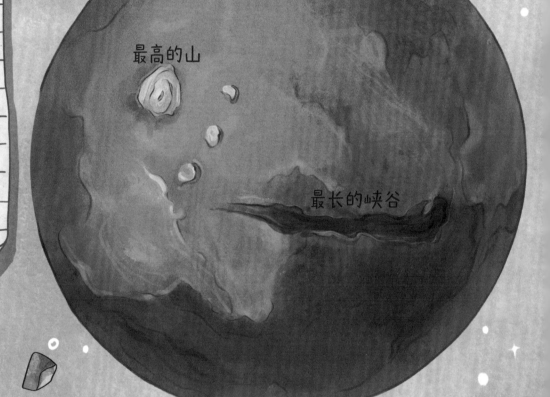

最高的山

最长的峡谷

最高的山

这个位于火星赤道附近的凸起是奥林匹斯山，它高达2万多米，是火星上最高的山，也是太阳系中最高的山。虽然奥林匹斯山的高度特别高，但是坡度却非常非常缓。

最长的峡谷

火星"肚子"上怎么看着有条长长的"伤疤"？这其实是太阳系中最长的峡谷——水手谷，它长达4000千米，宽约120千米，深约7千米，可以和地球的东非大裂谷媲美。100多年前的天文学家从地球上看到它时，还以为是"火星人"开凿的"运河"呢。

乌托邦平原

这一大片看起来非常平坦的地方叫做乌托邦平原，它是火星上最大的平原，直径达 3300 千米。在远古火星，乌托邦平原很可能是海洋覆盖的地区。天问一号着陆器和巡视器就在这里工作，因为这里适合探索火星的地质环境和生命痕迹。

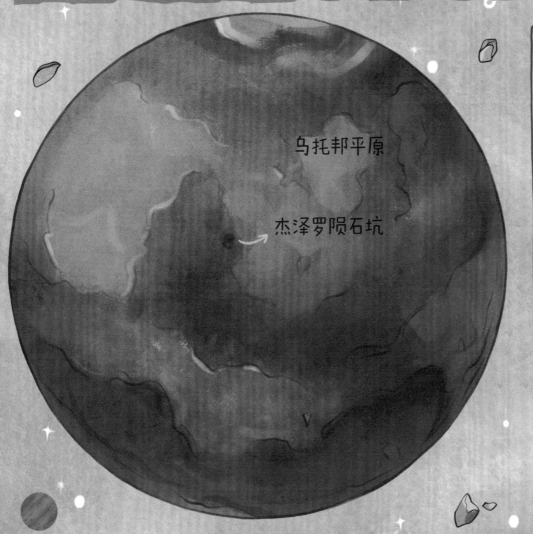

乌托邦平原

杰泽罗陨石坑

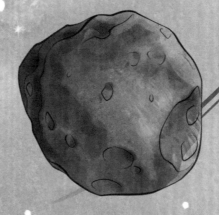

杰泽罗陨石坑

在距离祝融号不太远的地方（约 1000 千米），它的美国邻居小伙伴毅力号火星车也在勤劳地工作。这个干燥的陨石坑在 37 亿年前曾是一个湖泊，坑里的沉积物可能会保留古代水生生物痕迹。

火星的卫星

火星有两个卫星，但这两颗天然的卫星太小了，形状也很不规则。火卫一和火卫二距离火星也特别近，所以环绕一圈的时间也非常短。火卫一不到 8 个小时，火卫二大约 30 个小时，而月球绕地球一圈需要一个月。

火卫一

火卫二

祝融探火

中国的第一辆火星车正行驶在火星表面，详细地探查着火星。"祝融"工作起来胆大且心细，带给我们一个又一个惊喜。

"车"不可貌相

看似娇小的祝融号火星车，实际有着 1.85 米的身高，240 千克的体重。世界上第一辆火星车——1997 年登陆的美国旅居者号，它的大小和微波炉差不多，重量仅 10 千克。祝融号，果然不负火神之名！

探火百宝箱

祝融不只块头大，作为"科考队员"，它还携带了 6 件"宝物"来全方位了解火星，包括导航地形相机、次表层探测雷达、气象测量仪、表面磁场探测仪、表面成分探测仪、多光谱相机。通过这些仪器，可以对火星的地貌、气象、矿物、地下水、磁场等信息进行深入研究。

生死 9 分钟

在祝融号以前，全世界已经进行了 21 次火星着陆任务，但只有 9 次成功，难度系数非常高！在寻找到合适的时间和地点后，为了保证火星车能平稳落到火星表面，需要在大约 9 分钟的时间里，使用降落伞、发动机，以及多级减速和着陆反冲等多种降落技术，将速度从 20000 千米 / 时降到 0。整个着陆过程短暂又复杂，每个环节都必须确保精准无误，差一点儿都可能造成整个任务的失败。

导航地形相机　多光谱相机

气象测量仪

表面磁场探测仪

次表层探测雷达
（低频）

表面成分探测仪

次表层探测雷达（高频）

宇宙最酷的合影

从着陆器里走出来的巡视器——祝融号火星车迫不及待地启动拍照功能，拍下了很多照片，其中最有意思的是"着巡合影"图。以前着陆的探测器要么是"自拍照"，要么是着陆器和巡视器互相拍照，两个机器的合影还是第一次。

可是火星上没有"火星人"，毅力号等其他火星车也远在千里之外，那这张两个探测器合影的照片是怎么拍出来的呢？

新手上路，稳字当先

虽然祝融号叫做车，也有着车一般的外观，但是想在火星上"飙车"是不可能的。（即便在地球之外，安全也是第一位。）截至 2022 年，祝融号在火星表面工作一年了，总里程达 1900 米，差不多一天只能行进 5 米。2022 年，祝融号也迎来它在火星上的第一个冬天，接受寒冷和沙尘暴的考验。

57

揽星九天

不止步于月球和火星，宇宙浩瀚无垠，星尘广袤无边，中国人的探索精神还在继续，更多神秘未解、值得探索的天体正在等待着我们的到来。

中国行星探测计划

我国首次火星探测任务的标识，也是中国行星探测计划任务的标识，以"揽星九天"作为图形标识，太阳系八大行星饱含动感地依次排开，既展现了宇宙的五彩缤纷，也宣告了中国航天继续探索的决心。

月球"跳板"

嫦娥系列探测器对月球的探索大获成功，未来的"嫦娥"还将对月球进行更加全面、深入的科学研究和技术试验，比如采用 3D 打印技术，利用月球土壤盖房子。

也许有一天，我们会建设一座月球站，就地取材制造火箭，把月球当做"跳板"前往其他星球，因为离开月球的速度只需要 1.68 千米 / 秒！

火星能改造吗？

虽然火星酷似地球，但是目前却并不宜居。火星最冷时能达到大约零下 140 摄氏度，比地球上最冷的地方冷得多。在火星上人类也不能自由的呼吸，因为大气非常稀薄，并且绝大部分是二氧化碳。

不过很多天文学家认为在几十亿年前，火星的大气层很厚，气候也很温暖湿润。天问计划将火星土壤采集后带回地球，也许我们能从中发现在这颗红色星球上种植作物的方法。

小行星带的秘密

在火星轨道之外，有一条带状区域，这里有数不清的小行星，它们都特别小，形状也都奇形怪状。然而正是因为小行星"个头"小，所以变化少，这样才能大量保存着太阳系早期历史的信息，这对于研究太阳系的起源非常重要。

地球的"大哥"

除了小行星，天问还计划探测太阳系最大的行星木星。作为地球的"大哥"，木星放得下大约 1300 个地球，还有 100 多个月球。

木星的距离也不算太远，飞过了小行星带就是木星。科学家猜测在木星第二颗卫星巨厚的冰层下可能有宽广的海洋，也许天问探测器将来会在那里发现生命。

宇宙对话

从"上下四方曰宇，往古来今曰宙"，到"坐地日行八万里，巡天遥看一千河"，人类对宇宙的好奇从未停歇。宇宙是什么？宇宙从何而起？宇宙之中有什么？宇宙从何而终？……

五千年来，不同时期的中国人一直在通过不同的方法与天、与宇宙对话，恳切地希望能得到答案，而这份好奇和执着还会一如既往地指引着我们在浩瀚的星辰大海之间，不断超越自我，逐梦太空。

地球的未来

这颗蓝色星球在太阳系中已经存在了 46 亿年，地球会一直存在下去吗？地球会一直适合人类居住吗？根据天文学家的研究，大约 50 亿年后太阳会步入老年，膨胀的太阳将会使地球越来越热，甚至被吞掉。不过那个时候，人类还生活在地球上吗？

生物大灭绝

其实，人类更需要担心的是生物大灭绝。在 6600 万年前地球上大约 80% 的物种都消失了，陆地霸主恐龙的时代也因此终结。这样的大灭绝，从 5 亿多年前到现在已经发生了 5 次。有科学家认为目前正处于第 6 次生物大灭绝。为了人类的可持续发展，我们很有必要寻找另一个"地球"。

新的地球，会在哪里？

我们所处的银河系有大约 2000 亿颗恒星，它们和太阳一样发光发热，也有围绕它们的天体。也许某个"太阳系"中就有一模一样的"地球"，但是想发现它非常困难。距离太阳最近的恒星——比邻星都在 4.2 光年外，并且围绕它的行星不会发光。

在 2008 年，中国天文学家终于发现了一颗太阳系之外的行星，它比木星重 2.7 倍，距离地球约 440 光年。这颗行星是否适合我们居住，它上面是否存在生命，目前还很难确定。

寻找地球人的朋友

你相信宇宙中有像我们一样的文明存在吗？宇宙中有大约 1000 亿个星系，它们和银河系差不多，包涵了上千亿颗恒星、行星、卫星、小行星、彗星。宇宙如此广阔，拥有无限的可能。世界上最大、最灵敏的射电望远镜——中国天眼（FAST），它的科学目标之一就是搜寻地外文明。也许有一天，FAST 会收到一条这样的消息："你好，地球人！"

图书在版编目（CIP）数据

和宇宙对话的中国：上下卷 / 南斗天文著；晓山文化绘. --北京：电子工业出版社，2023.7
ISBN 978-7-121-45615-2

Ⅰ. ①和… Ⅱ. ①南… ②晓… Ⅲ. ①天文学史－中国－少儿读物 Ⅳ. ①P1-092

中国国家版本馆CIP数据核字（2023）第088193号

责任编辑：翟夏月
印　　刷：天津善印科技有限公司
装　　订：天津善印科技有限公司
出版发行：电子工业出版社
　　　　　北京市海淀区万寿路173信箱　邮编：100036
开　　本：889×1092　1/8　印张：18　字数：179.20千字
版　　次：2023年7月第1版
印　　次：2023年7月第1次印刷
定　　价：198.00元（全2册）

凡所购买电子工业出版社图书有缺损问题，请向购买书店调换。若书店售缺，请与本社发行部联系，联系及邮购电话：（010）88254888，88258888。

质量投诉请发邮件至zlts@phei.com.cn，盗版侵权举报请发邮件至dbqq@phei.com.cn。

本书咨询联系方式：（010）88254161转1821，zhaixy@phei.com.cn。

插画团队

统筹：陈晓珊

插画：梁君钰　　吕佳黛　　陈奕心